Puzzle 1

7	8	6				4		
		5				8		
1	2				3			
	1			9	2			
		8					7	6
	5	7	6	2				
8			9			3		
5		2			4	6		
3			5	8		1	4	

Puzzle 2

	9							
8	7		1	3				
5	1	3	8	9	4			
9		5		8				
1	4		5			8	9	6
					9			
4	2		3					9
		9	6	2		7	1	
						5	2	

Puzzle 3

			8					9
7	3			2	4		5	1
	5	8		3				7
			3	6		1		
8	4		5	1		6	9	2
6	7	1	2					5
	1	6	4	5				8
	8		1		2			

Puzzle 4

8								6
		6			2	7		
		7		8	5			
						9	4	
			3	2			5	1
1								9
				6				
	5		8					3
6	4		1			9		7

Puzzle 5

	5	9	3	2				
				6				7
2			5	7	1			
3		2	1					6
				4	3			
	6	4	2					
5	2			3				
			6					5
	4	8	5	9				3

Puzzle 6

5		8		7	3	4		
6	1							
	3	2			4		9	
	4	5		8	9	6	1	
1			9	6	8	3		
		3	2	1	7		8	
	5	1	8	3				7
		9	4	6		1	2	

Puzzle 1

					3			
6	5						8	
9						6		
3	6		5				7	
					7		9	
		7	2					1
			9					
	1	5	3	6	8			9
				2	1		5	7

Puzzle 2

	5	8					1	
			8		6			5
			4			9	8	
	3				1			
4			3		9	6	7	
						3	2	8
	7				4		6	
	6							
8	2				5			7

Puzzle 3

	3	1						
	2		4					
9	5			8			4	6
					8		7	
5					8			3
			5	4		6	2	9
		5	3	9				4
				6				8
7			8	2				

Puzzle 4

	2	4		1				
5	6	8	4	9	2	7	1	
1						4	6	2
	4				8	5		
	9			4				7
						3		
	1	6	3		9		5	
			8	2	1		3	
	3				4	1		

Puzzle 5

	1	9		3				
6							7	3
	3			6				
			9		5			
	6	3	8		1	9	2	
9				2			3	1
	4		2		3			9
			5	7	9	4	1	6
			6					

Puzzle 6

2	1	6			9	4	8	
		8			7	9		1
7					4			2
8		4						3
			4	7	3	1		8
				5	8	7	4	
5	4	7	1	8	2	3	9	
						8		
1							7	5

Puzzle 1

8			5	9	3	4		2
	5	2		8	1	3	9	
				2			5	
3	1	4	7	6	9	8		
			1					
						1		6
2	8				6	5		9
			9	1		2		3
6	3	9	2	4			8	1

Puzzle 2

		2		8	3	6	4	
			9		7		1	8
	3			5	4			
			3			9	7	
8								1
			7				6	4
		5						9
9	1		5					3
2			3		9	7		

Puzzle 3

	6	2	5	9				3
	8			4	3			5
		3	6		8	7	9	1
								8
		6						
			9			1		2
	3	1			4		5	
	5			3			4	6
			2	5				7

Puzzle 4

	2			3		9	7	5
					8			1
	3	9		5			4	
2				6			5	8
				8			6	
6		1	3	2	5			
4		6					8	7
			8				2	9
			4	9	6			

Puzzle 5

6		3		4				
	9			1				
		8		2		6	7	
4		1		9				
		7	8					4
	8	5	7	3		2		
			5		6		4	
				7				
5			6	8	9		2	7

Puzzle 6

5	1						2	7
			7					
	7		5				4	9
	8	2				9		
		5		9	1	2		4
7		1			3	6	5	
		4	1			7		
6			9			8	4	
		8						6

Puzzle 1

	9						5	
	1	5		9	4			
			1		5	8		7
8				7		6	3	
	3	1	4			8		
			7			3	9	
	8					1		
		9		5	1			

Puzzle 2

		6	9	8		4		7
9	3		1			6		
	8				3			
				6		3		4
								2
			2	9	7			6
	5						2	3
		1	7					9
		3						5

Puzzle 3

9		2		8		3		
						2	8	9
		3		2				5
1	5	9				7	2	
		4	6	2				
		7	5		9			
		7		4				2
2	8	1						7
	9	6				8		

Puzzle 4

4	3	2	8				6	7
	1		9	6	4			3
6	5		2					
	6		7	1				
	8							
					9			
		8				7	2	6
		3	6				4	
2	4			8	7	5		

Puzzle 5

8								2
			8	5				9
					4			
4		6		2	5			7
				3		8		
	1	5						
		9	3	7	8			
		1		4	2		7	
				9	6		5	4

Puzzle 6

					5	9		8
5		2			6	3		
9				3	2		1	
6				1		8	5	9
				5	8			
	5	1			7		3	2
7	6	4	5		9	1		3
1	9			8				
2	8		6	4				7

Puzzle 1

	3			5	9			4
			4			3		
4				2				1
7					5			2
9	6		2		8	4		
		1	7					9
		9	1	8			7	3
5		7	6	9	3			8
	2					1		6

Puzzle 2

1				2	7			8
				5				
		2				3		
	5	3		6				
	8					3		
	7	8	3	2			4	
8		9	1	2		4	3	
		5						9
		4				2		5

Puzzle 3

			8		3			
	4							
8		5		7		2		
			5			1		
				8				5
1	5	6	4			3	8	7
		7	1	6			2	3
	1		9					
9		4				5	7	

Puzzle 4

					4			
		9		5				7
3		5		2		1		4
6		3				7		9
					1			
					6			8
	2	7	8				9	5
5							7	6
			5			2		

Puzzle 5

2		5			7			6
	8	4		1	3			5
		9	2		6			1
1		8		7				
	7			8	2			9
			3		4			
				8	1			
3			4	9	1			2

Puzzle 6

	6						3	2
	2	4		3	7		6	
	3	7		2	6	1	4	8
4				9				7
2		3			8	5		
	8	9			5		1	
6	7		4	5		3		1
		1	3		2		5	6
	4						2	7

Puzzle 1

4		2	1				8	
1		3				7	2	
8			6					
	2	5	3	9				
3				5	8	2		
		9	4					
	7				9	3	4	
	4		8	3		5		2
		8		4				

Puzzle 2

5			3					
	6			5		1		
	3	7			4	2		5
			5				1	
6		5	9				4	2
	2	3					8	9
3				9				4
2	8	4				9	3	
	5			3			2	7

Puzzle 3

				5		4	8	
6		4	3		9			
2		7						
		2			5			4
	3					2		
	1		2	7			5	
3						1	9	5
9		1			3	7		2
7				4		6		8

Puzzle 4

	5				2			
	6			4	1			7
		7					4	
			9	3				2
		5			8	3		
		8				7	9	4
5					4	1		
8		6	1				2	9
1			3		9	8		5

Puzzle 5

	4						9	
6			8		2	5		
1								3
7	1		2		6			5
	6		3			8		
	3			4				
	9		6	2			5	
			4	5	9			6
5				8		9		

Puzzle 6

9	1						4	
		6		1			2	7
	4	2	9					
6				9		2		
1				6				9
			2	7			5	1
							8	2
		7			2	1		
	5	9	8	3	1			4

Puzzle 1

1	6					3		8
				1		6	7	4
4			2	6				5
					1		9	2
3			9			5		
		5		7		1		
			6				4	1
7			2					
8	9		1	5		6		

Puzzle 2

						8	2	9
		5			7			8
3					2			7
				6				
			7		1	8		
7	6					1	4	
6				7		3	1	
		4		1		9		
	5							4

Puzzle 3

3		4		7		9		
2	5		8				3	
1	6						7	4
	9			5		7	4	8
8	4	2	7	6				3
	7			4	8	6	2	
			2		7			5
7				8		3	9	1
4		8		1		2		7

Puzzle 4

		1			4		3	
	4		6	7		5		
	6		8			9		
2	8							
9	1				7			5
		4		9				
7	2			4	8		1	
		8		2			5	4
	9							2

Puzzle 5

	9	3		1	2		7	
		5						
	6	4					2	
	8			2	4		1	
	5				6			
					5			8
3				6			5	9
9		6	2		8	7		
				9	6			2

Puzzle 6

				9	3			
1	2		4	7		9		
	3			8			5	
			8	5	7			6
					2			5
	7		9	6		2		4
		2	6			8		
	1	6				5		
		9	5	1				7

Grid 1

				5	4	8		
8	2	9	3			5		
5					9	1	3	
4	7			1				
	5			2				
	6		9			4	2	7
3	9			4	2	7		8
	1							3
			1		3		4	5

Grid 2

		1		2		6		7
								4
				9	8		3	
	5	2	6			9		
		9						
	7	3		1		8	4	
			7		2	3		
			8			6		
3	7							

Grid 3

		7						8
	3		1			2		
2	4		6	9		1		5
	5					1		
			4	1				9
7			8			6		
		6				7		
	2	4	3		6			
		8	5					

Grid 4

		7			6		9	3
9	8			1	3	4		
								8
2		4					3	
	9				1		2	
			7			9	4	
6	4			3				
		2			9			
5	7	9		6	4	3	1	

Grid 5

		9				6	5	
	8		6	1		7		
				1				
	9		1		8			7
	3							
	6	5	8			2		
	8			2	5	4		9
5						1	6	
			9	7				5

Grid 6

		4	7	9	5	3		
	1				3			
5	3	6			2		9	
					6		2	
6		7			8	9		
8			4					3
4	7				9	5		
	2	3	5	8		7		
				2	7			4

Puzzle 1

		2		9	1			
	6	1				4		
							1	5
8			9	3				
		4	5	1			3	8
			6	8	5		9	
				6				
4	1	5			2		8	
		7		9		5		3

Puzzle 2

4		3			1		2	
5		8	7			1		6
		6	3					
					6	4		
2		5				8		
7								
		9			7			4
					9			
6	5				2	9	7	

Puzzle 3

1		9		2	4			5
	8		5					4
	5				2	1		
9		3	7	8		4		
6			4	9	2	8		
5				6		7		
7					6			
			9	1			4	7
8	1		2	4				9

Puzzle 4

	5				1	7	6	
3	1			4		9		
			9			5		
						4		
5		7		1	9	6	3	
							9	4
		5	3		2			6
2		4			8			5
		1	4		6	2	8	

Puzzle 5

					6			
	1	3				5		
	9	6	4	3		1		7
	6	8	5	1		4		2
					2	8	1	
3	2				8		7	
						2		
			8	9				
	4	9				7	6	

Puzzle 6

	1		7	5		3		2
						7		
7	2				3	6	9	4
	7					5		
			4	7				
5	8				9	4		
	4	3					5	7
8	5				7		2	6
		7	5	8	2	1		

Grid 1

				6				9
9					5	4		
5		6	9		8		2	1
4	5		8	2	6	1		
	8	2	5	1		9		
6				4	9	5	8	2
8	6		1	9		2		
		7			4			
	9		6	5				7

Grid 2

6	5	1	9	7				
					2			
	2	7	1				8	6
							9	3
3							2	
	1		3	9	4		6	
			4	6			1	
4								9
1		5		3		7		

Grid 3

	6						4	
	8						2	3
2			9			1		
			3	4	2			
					5			1
8	4					5	3	
4			7			3		9
		1	8		6			4
				5		2		

Grid 4

	7	6	9			2	5	1
	5	8		6	1	7	4	2
					5		9	3
7	8	2	1			4	9	6
4				2		3	1	
			6			4	2	8
6					3	2	7	
	3		2	7		5		
8	2	7				3		

Grid 5

8			2					
			3			1	2	
			9	1		4		
		4	6	7				
	3				8			
	9					3	6	
	4		3			7		
		1	5	8				
9	7	2					8	

Grid 6

			7				9	
1			8	2			6	
5						3		2
			4		6	9		
					9	6		
		2						4
3	7							
9					8			7
		5	3	1	7	8		

Puzzle 1

8			6		1		4	2
	4	9		3	2			
				6	8			
		3				2		
	5	2	7				4	
	8				3	5		7
			6			3		1
3			7	8	2	1		4
4				7			9	

Puzzle 2

	7					1	3	8
1		3						7
5					7	9	4	
		5			2			3
	2		6					
7		1					9	
	1		2	4				
			7	8		1		
	9	4	1		6			

Puzzle 3

			8				5	7
5	1			4		2	9	
	2	4	9	6				
			4		9			
1		5		8	2	9	3	
6	4	9	7			5	8	2
				9	4			8
9	8			7		3		
4	6	7	5	3				

Puzzle 4

		5	7			1	2	
3		7			8		6	
	6	1	5					
1								6
	3	6					1	5
5	9		1					
	7	3	9		5	8	4	
8					4		5	
				7	1			

Puzzle 5

4		5	8					3
		1			5	7		
9				4				
		8	6			5		7
		2		8			6	1
	6						7	4
			4	2	6		5	
		9		3			1	6

Puzzle 6

				8		3		6
						1	4	
5	1	9	6				8	2
				5	7		9	
		5		9	2			
	9			1				8
	2	3					6	
1		8		6				
	6		5	2				1

Puzzle 1

		8					5	4
9			3					
3		4						8
		3	6	1				
	2					6		
				5				
	3			6	8			
7		5	8		9		4	
			3			7	1	

Puzzle 2

9				1	4		6	5
						7		
2		3						
		9	5			3	4	
	6		1		3		9	8
	3		8					
	2		9	5			7	6
	7				8			
		8		2		4		3

Puzzle 3

6			7		4			
3	2			9		8		
	7							
8			2			5		
7				6	5			9
		1						
	3		9	7			8	
9				8	2		4	
						9	6	

Puzzle 4

9			8	1			5	
	5	6				4		
						3		
2							6	
6				3	5		7	
		9						
		1	2			8	9	
	9	2	3					6
8		5	9			6	1	

Puzzle 5

3							5	1
			6		5			2
4		5	9		3	7		
1	4		5					
	5		1	3				
		3		4				7
2						3		5
	3	6						
		4		7	6			

Puzzle 6

				1		8		6
				3		4		
	1	5					7	
	3	6		5	8			
		1	2					3
	9		1				8	
1			6					
	5		7				9	
6						7	4	

Puzzle 1

		1	7					9
		5		9			4	
9	6		8	5	4			
4					2		3	
3				5	6			7
	9	6				4		2
6								
			5	7	8		6	
	5					7		3

Puzzle 2

2			9				7	
	3							
4	6		9		7	3		
6			2			9	3	
	8	2	6					
3	9		1		4			6
			3	9		6		2
	2	3	4	1	6			
8		6		5		1	9	3

Puzzle 3

		3	5		9	4		
5		6	4		8		1	
9	4		1		2	8	6	
4							7	
2		1				6	9	
	6	9	2					8
	9				3			
6	7	2		9				1
	8	4						9

Puzzle 4

				8		4	3	1
		4	2				7	8
	7		1			9	2	
							5	
					7			
2	1		8		5	3	9	
	5		6					
8								9
	3		4	2	8			

Puzzle 5

	5	7	4	6				2
				7	9			
	1	4	3					
1			9					4
		3				2	8	5
	2							8
	4	9				5	7	
		1	6	8		9	2	3

Puzzle 6

4	2						7	
5			7		4		6	
1	6	7		9	2			
			9	5				
	4	6		2				
9			6	4			3	
6	1					4		
8		4					2	
2	3	5		7			9	8

Puzzle 1

	2				5		6	
	1			7	3			
		9				7		
9	8			2				
				9				
		1	3				2	4
	9		4	8				
7		8			2		3	
	6					1	4	

Puzzle 2

4			9				6	
1	2				6	9	4	5
		5	4	7				
		3		4	7		2	9
	4			5	9			3
				3			5	1
7	1		5	6				
						5	9	6
						3		

Puzzle 3

		8						
6			5	3			1	8
		4	8					2
							2	4
2	9	1		7	4			6
			2			3		
1				6				
	6				5		3	
5			9		1		4	7

Puzzle 4

2	9	8						
	5					6	4	8
					8	9		
8	7	6		3		2	9	4
							1	
1	3	4					7	
				1		7		
5		3	7			4	6	9
7	6		4	9		1	8	

Puzzle 5

2		7		6				
8	3				7		5	
	9	1	2			8		
		4	6					
		2			9			5
1				3		9		
			3	7	6		2	9
						6		
6			1				8	7

Puzzle 6

7	1				3		9	5
			1		8		6	
4							2	
3		9					1	8
		5			2	6	7	
			9			5	3	
				2				6
5	9		7					2
2	6		8		4			3

Grid 1

			1	7	5			
	4	3	8	2	7	9		
	8				3			1
9		5		8		6	2	
								5
			9	1	4			
5			7		6	3	9	
		1	8					7
7		9	2		8			

Grid 2

8		2				1	7	
				1		5		
				7			9	2
5		3						
		8				7	4	
		6	9		8	2	5	
	9		1		7			
2				3			1	
1		7	5					4

Grid 3

	3	7	4				5	
						4	2	3
4					9			
3	9							1
			3					
	4		1	8	2			5
								6
5	8	1			6	3		
7		6			3	5		

Grid 4

8	6	5					2	
4						5		7
	2			3	6		4	
6	1	7					5	9
2					5	7	1	6
5	9			1		8		2
9					3	6	8	1
		8	2					5

Grid 5

9			7			8	5	
	5					7		
		2	5			3	1	
	9						7	
		8		1				6
			9	3	2			
8						1		
	3		1	9			2	
					6			

Grid 6

6	7			4				
		8	7				1	
		2				9		
		1	6		9			5
5	2	6		8	3	7		
			5	2		8		
8	1	5		3	4	6	7	
			1	7		5	8	3
	3		8			1	4	2

Puzzle 1

2	6	8		3			9	5
1	3	5	2					8
	7	4	8		1			3
3					8			
7		9	1	2	4			6
								7
	9	7			8			
5	2						3	
	4		7	9			6	1

Puzzle 2

4				3			8	7
		6	4		2	1		3
3		1		8			9	6
			3					2
		2	8	7	6		4	
		4		2		3		8
	4	7			3			
6	5	3	2	1	4		7	
2	1	9			8	6	3	

Puzzle 3

			5					
3	1	5		7	6			
			8		7			1
	5	2		4	7		3	
1	4	3					7	5
6		7		3		1		
			4	5			9	6
8	2	9	7			5		4
5					9	3		

Puzzle 4

	2		9	3				
8	1					6	2	3
4		3		2	1			
5	9							1
7	8	4		6			5	9
	3		4		9	8		7
	5	8		9				6
2		1	3		7		4	5
9	4		5	1		3	8	

Puzzle 5

4	3				2			
7	6							3
	8					4		
	9				3			6
		3			1			
	5			8		3	7	
3	1	6		9		4	2	
9				2	4	5	3	
5	4			7	1	6	8	9

Puzzle 6

5				2	7	6		
		7						1
4			8		9	7		5
			1		8			
			9		6	4	7	
	5					8		9
8						2		
2			5					
9	6		2			1	8	

Puzzle 1

				6		5		2
	6			2		4		
		2	5		3	8		
			1				5	4
7					4			
				8			7	
9								5
	5			4		9		
4		1	2	9				

Puzzle 2

			8		9		2	3
6				2				
	8		1		5			
	5		4	1		2	3	9
	9				6	5	4	
				9	3			
1		7				9	5	
2						6		
5								2

Puzzle 3

			5	3				2
1				7		4		
	7	9		2				8
3		6		5				
					3	6		
9		2			6			
	3	8		1		4	5	
7						2		
	4							1

Puzzle 4

1			8	3				
					2	9	1	8
3		5					8	9
2		9					4	6
		8	2			5		1
5					1	8		
				2			3	
	2	4		5	9			

Puzzle 5

4	2		3	9				5
	6		1	7				2
	1		5		6			7
	5		6	1				
2		3			5	7		
				9				
			8		7			
				4		3		9
		6	9					

Puzzle 6

2		9	3	6			8	
						4	7	9
		1	9	8		3		
								3
	1			5	8			
		2	1			6		
	7				9		6	
		8	2				4	
				6				

Puzzle 1

			8		2		4	5
		1			6			
			4	9	7		1	
6						1	3	
						9	8	
7			6			5		
	4	6				1		3
2	3				8			
			3	5				

Puzzle 2

		3		9	5	8	4	6
	9						5	
4	5							9
				8		6		
	8			6	1	7	5	
1	6	2		5		9		3
6	3			7	2			
		5	6		9		7	
9	4			8				5

Puzzle 3

8							6	
4				8	7		5	1
	6				9			3
		8	3		1			5
		7			8			
		3		9		1		4
	9	4	2	1	5		7	
7				4				

Puzzle 4

		3		8		4	9	
		4			1	2		
		8		5				
7	4				5			
3				7				
8					3	7	2	4
	6			4				2
			1	9	6			8
				3	7			

Puzzle 5

		7	8					1
			7			2		
			5	9		8		6
	6	1	4	5	7			
				3				
8					4			
				4				
	5			8	2			3
	3		1				5	9

Puzzle 6

3		7			9	6	8	4
					5			
2			4	3				
5								3
	9	3		4	7			
	7		1			5		9
					1	3	2	
						8	1	7

Puzzle 1

2	3				9		4	
			5	2		1	6	
					4			
8	9							1
		4		9				
1			3			4	5	
		5	4		7	9		
	6		9				3	
		9			3	2		

Puzzle 2

2			4	1	7	5		
	1	5			8			
3			5			4		2
			6		3			
		8	7		4			
		3			1	2		
8				4		3		
			8		5		9	4
				9			5	6

Puzzle 3

	8	1		3			4	
		5		1			9	
	9				6		2	
7							5	2
								8
								7
6	3			7	5			
5				4		3		
		4	3		2			9

Puzzle 4

		6	7					
	5			6			7	9
1		4						
	1	5		9		6		
4		3				9	8	7
	6	9						5
6		7	9			2	5	8
				5	7		6	3
		2					9	

Puzzle 5

	8	4					3	9
3					7		1	
9				6			7	5
	7		3					
8					6			
2			9	5				
5				8	4		6	
					9			
	3					5	8	

Puzzle 6

	3			2	7	4	6	
	7			6	3		5	
		2	5				3	9
8			7	9				
		6			4			
7	1	9	3		2		4	6
			7	5			9	
		7				1		
	9		4					5

Puzzle 1

			7	5	4	8		
			6	9				5
5	4			8			7	
		9						2
1	7	8			5	4		
		6	9			1		
			5	7		9		4
			8		6			7
	1	4			2			

Puzzle 2

5	6	2	9			3		4
		4		7	2		1	
		3			6		5	
		1					8	
3				6	5		4	
4	2					5		
9				3		7		1
					7			5
2	3			5	4			8

Puzzle 3

			1			8	5	
	1		5	7	3			2
			6					7
				8	3	2		
1	7			2				
2		9		4				
		7				4	5	
				7	9		6	
			3				1	

Puzzle 4

							3	8
1			3	8	5			4
7			9		6		1	2
5								6
	2	7				8	5	
			8	5	2			7
	1	4	6		3	2		
2	6			7		1		
	7		1					

Puzzle 5

7		4		1	8		5	6
8	3		5	7	9	4	1	2
	2	1		4				8
		3	8	5	4	6	2	
4			3	6	1			5
6		5			7	8		
	5	8	4	9	2	1	6	
2			1	3			8	9
1	6		7	8	5	2	3	4

Puzzle 6

	5	3			4			7
6		2			8			
					6			9
	6			4	9			
	8			7		6	4	5
7	3	4	6			9		2
3		7				2		
					2	1		
			4	6	7	3	9	

Solutions

Grid 1

7	8	6	1	9	2	4	5	3
9	3	5	7	4	6	8	2	1
1	2	4	5	8	3	9	6	7
6	1	3	8	7	9	2	4	5
2	9	8	4	3	5	1	7	6
4	5	7	6	2	1	3	9	8
8	4	1	9	6	7	5	3	2
5	7	2	3	1	4	6	8	9
3	6	9	2	5	8	7	1	4

Grid 2

2	9	4	7	6	5	1	3	8
8	7	6	1	3	2	9	4	5
5	1	3	8	9	4	2	6	7
9	3	5	2	8	6	4	7	1
1	4	2	5	7	3	8	9	6
7	6	8	4	1	9	3	5	2
4	2	7	3	5	1	6	8	9
3	5	9	6	2	8	7	1	4
6	8	1	9	4	7	5	2	3

Grid 3

1	6	2	8	7	5	4	3	9
7	3	9	6	2	4	8	5	1
4	5	8	9	3	1	2	6	7
2	9	5	3	6	8	1	7	4
8	4	3	5	1	7	6	9	2
6	7	1	2	4	9	3	8	5
9	1	6	4	5	3	7	2	8
5	2	4	7	8	6	9	1	3
3	8	7	1	9	2	5	4	6

Grid 4

8	2	4	9	7	1	5	3	6
5	1	6	4	3	2	7	9	8
9	3	7	6	8	5	2	1	4
3	8	5	7	1	9	4	6	2
4	7	9	3	2	6	8	5	1
1	6	2	5	4	8	3	7	9
7	9	3	2	6	4	1	8	5
2	5	1	8	9	7	6	4	3
6	4	8	1	5	3	9	2	7

Grid 5

7	5	9	3	2	1	6	4	8
4	3	1	9	6	8	5	2	7
2	8	6	4	5	7	1	3	9
3	7	2	1	8	9	4	5	6
8	1	5	6	7	4	3	9	2
9	6	4	2	3	5	8	7	1
5	2	7	8	1	3	9	6	4
1	9	3	7	4	6	2	8	5
6	4	8	5	9	2	7	1	3

Grid 6

5	9	8	6	7	3	4	1	2
6	1	4	9	8	2	3	7	5
7	3	2	1	5	4	6	9	8
3	4	5	7	2	8	9	6	1
1	2	7	5	9	6	8	3	4
9	8	6	3	4	1	2	5	7
4	6	3	2	1	7	5	8	9
2	5	1	8	3	9	7	4	6
8	7	9	4	6	5	1	2	3

Puzzle 1

4	7	1	6	8	3	9	2	5
6	5	2	1	4	9	7	8	3
9	3	8	7	5	2	6	1	4
3	6	9	5	1	4	8	7	2
1	2	4	8	3	7	5	9	6
5	8	7	2	9	6	4	3	1
2	4	3	9	7	5	1	6	8
7	1	5	3	6	8	2	4	9
8	9	6	4	2	1	3	5	7

Puzzle 2

3	5	8	7	9	2	4	1	6
2	4	9	8	1	6	7	3	5
6	1	7	4	5	3	9	8	2
7	3	2	6	8	1	5	9	4
4	8	5	3	2	9	6	7	1
1	9	6	5	4	7	3	2	8
5	7	1	2	3	4	8	6	9
9	6	4	1	7	8	2	5	3
8	2	3	9	6	5	1	4	7

Puzzle 3

4	3	1	6	7	5	9	8	2
8	2	6	4	3	9	1	5	7
9	5	7	1	8	2	3	4	6
6	9	3	2	1	8	4	7	5
5	4	2	9	6	7	8	1	3
1	7	8	5	4	3	6	2	9
2	8	5	3	9	1	7	6	4
3	1	4	7	5	6	2	9	8
7	6	9	8	2	4	5	3	1

Puzzle 4

3	2	4	7	1	6	9	8	5
5	6	8	4	9	2	7	1	3
1	7	9	5	8	3	4	6	2
7	4	1	2	3	8	5	9	6
6	9	3	1	4	5	8	2	7
2	8	5	9	6	7	3	4	1
8	1	6	3	7	9	2	5	4
4	5	7	8	2	1	6	3	9
9	3	2	6	5	4	1	7	8

Puzzle 5

2	1	9	7	3	5	6	4	8
6	5	8	9	2	4	1	7	3
7	3	4	1	8	6	2	9	5
8	2	1	3	9	7	5	6	4
4	6	3	8	5	1	9	2	7
9	7	5	4	6	2	8	3	1
5	4	6	2	1	3	7	8	9
3	8	2	5	7	9	4	1	6
1	9	7	6	4	8	3	5	2

Puzzle 6

2	1	6	5	3	9	4	8	7
4	5	8	6	2	7	9	3	1
7	9	3	8	1	4	6	5	2
8	7	4	9	6	1	5	2	3
9	2	5	4	7	3	1	6	8
6	3	1	2	5	8	7	4	9
5	4	7	1	8	2	3	9	6
3	6	2	7	9	5	8	1	4
1	8	9	3	4	6	2	7	5

8	7	6	5	9	3	4	1	2
4	5	2	6	8	1	3	9	7
1	9	3	4	2	7	6	5	8
3	1	4	7	6	9	8	2	5
7	6	8	1	5	2	9	3	4
9	2	5	8	3	4	1	7	6
2	8	1	3	7	6	5	4	9
5	4	7	9	1	8	2	6	3
6	3	9	2	4	5	7	8	1

7	9	2	1	8	3	6	4	5
4	5	6	9	2	7	3	1	8
1	3	8	6	5	4	2	9	7
6	4	1	8	3	5	9	7	2
8	7	9	2	4	6	5	3	1
5	2	3	7	9	1	8	6	4
3	6	5	4	7	2	1	8	9
9	1	7	5	6	8	4	2	3
2	8	4	3	1	9	7	5	6

1	6	2	5	9	7	4	8	3
9	8	7	1	4	3	6	2	5
5	4	3	6	2	8	7	9	1
3	1	9	4	7	2	5	6	8
8	2	6	3	1	5	9	7	4
4	7	5	9	8	6	3	1	2
7	3	1	8	6	4	2	5	9
2	5	8	7	3	9	1	4	6
6	9	4	2	5	1	8	3	7

1	2	8	6	3	4	9	7	5
5	6	4	7	9	8	2	3	1
7	3	9	1	5	2	8	4	6
2	4	3	9	6	7	1	5	8
9	5	7	4	8	1	3	6	2
6	8	1	3	2	5	7	9	4
4	9	6	2	1	3	5	8	7
3	1	5	8	7	6	4	2	9
8	7	2	5	4	9	6	1	3

6	5	3	7	4	8	9	1	2
7	9	2	6	5	1	4	3	8
1	4	8	9	3	2	5	6	7
4	3	1	2	6	9	7	8	5
2	6	7	1	8	5	3	9	4
9	8	5	4	7	3	1	2	6
3	7	9	5	2	6	8	4	1
8	2	4	3	1	7	6	5	9
5	1	6	8	9	4	2	7	3

5	1	6	3	4	9	8	2	7
8	4	9	7	1	2	5	6	3
2	7	3	5	8	6	1	4	9
4	8	2	6	5	7	3	9	1
3	6	5	8	9	1	2	7	4
7	9	1	4	2	3	6	5	8
9	3	4	1	6	5	7	8	2
6	2	7	9	3	8	4	1	5
1	5	8	2	7	4	9	3	6

Grid 1

2	9	8	7	3	6	1	5	4
7	1	5	8	9	4	3	2	6
6	4	3	1	2	5	8	9	7
8	2	4	5	1	7	9	6	3
9	7	6	2	8	3	5	4	1
5	3	1	4	6	9	7	8	2
1	5	2	6	7	8	4	3	9
3	8	7	9	4	2	6	1	5
4	6	9	3	5	1	2	7	8

Grid 2

5	1	6	9	8	2	4	3	7
9	3	2	1	7	4	6	5	8
7	8	4	6	5	3	2	9	1
2	9	7	5	6	1	3	8	4
1	6	5	3	4	8	9	7	2
3	4	8	2	9	7	5	1	6
8	5	9	4	1	6	7	2	3
6	2	1	7	3	5	8	4	9
4	7	3	8	2	9	1	6	5

Grid 3

9	1	2	5	8	6	3	7	4
3	6	5	1	4	7	2	8	9
7	4	8	3	9	2	1	6	5
1	5	9	4	3	8	7	2	6
8	7	4	6	2	9	5	3	1
6	2	3	7	5	1	9	4	8
5	3	7	8	1	4	6	9	2
2	8	1	9	6	3	4	5	7
4	9	6	2	7	5	8	1	3

Grid 4

4	3	2	8	5	1	9	6	7
8	1	7	9	6	4	2	5	3
6	5	9	2	7	3	8	1	4
3	6	5	7	1	8	4	9	2
9	8	4	5	2	6	3	7	1
7	2	1	4	3	9	6	8	5
1	9	8	3	4	5	7	2	6
5	7	3	6	9	2	1	4	8
2	4	6	1	8	7	5	3	9

Grid 5

8	6	4	7	3	9	5	1	2
1	2	3	8	5	4	7	6	9
9	5	7	2	6	1	8	4	3
4	8	6	9	2	5	1	3	7
7	9	2	6	1	3	4	8	5
3	1	5	4	8	7	2	9	6
5	4	9	3	7	8	6	2	1
6	3	1	5	4	2	9	7	8
2	7	8	1	9	6	3	5	4

Grid 6

3	4	6	1	7	5	9	2	8
5	1	2	8	9	6	3	7	4
9	7	8	4	3	2	6	1	5
6	3	7	2	1	4	8	5	9
4	2	9	3	5	8	7	6	1
8	5	1	9	6	7	4	3	2
7	6	4	5	2	9	1	8	3
1	9	5	7	8	3	2	4	6
2	8	3	6	4	1	5	9	7

Grid 1

1	3	2	8	5	9	7	6	4
8	9	6	4	7	1	3	2	5
4	7	5	3	2	6	9	8	1
7	8	4	9	3	5	6	1	2
9	6	3	2	1	8	4	5	7
2	5	1	7	6	4	8	3	9
6	4	9	1	8	2	5	7	3
5	1	7	6	9	3	2	4	8
3	2	8	5	4	7	1	9	6

Grid 2

1	3	6	2	7	4	9	5	8
7	4	8	5	1	9	6	2	3
5	9	2	6	8	3	7	1	4
2	5	3	4	6	1	8	9	7
4	8	1	9	5	7	3	6	2
9	6	7	8	3	2	5	4	1
8	7	9	1	2	5	4	3	6
3	2	5	7	4	6	1	8	9
6	1	4	3	9	8	2	7	5

Grid 3

7	2	1	8	4	3	6	5	9
6	4	3	2	9	5	7	1	8
8	9	5	6	7	1	2	3	4
4	7	8	5	3	6	1	9	2
2	3	9	7	1	8	4	6	5
1	5	6	4	2	9	3	8	7
5	8	7	1	6	4	9	2	3
3	1	2	9	5	7	8	4	6
9	6	4	3	8	2	5	7	1

Grid 4

2	7	6	3	1	4	8	9	5
1	4	9	6	5	8	3	2	7
3	8	5	7	2	9	1	6	4
6	1	3	2	8	5	7	4	9
8	5	4	9	7	1	6	3	2
7	9	2	4	3	6	5	1	8
4	2	7	8	6	3	9	5	1
5	3	8	1	9	2	4	7	6
9	6	1	5	4	7	2	8	3

Grid 5

2	1	5	8	4	7	9	3	6
6	8	4	9	1	3	2	7	5
7	3	9	2	5	6	8	4	1
1	6	8	5	7	9	3	2	4
4	7	3	1	8	2	5	6	9
5	9	2	3	6	4	7	1	8
9	4	6	7	2	8	1	5	3
3	5	7	4	9	1	6	8	2
8	2	1	6	3	5	4	9	7

Grid 6

9	6	8	5	1	4	7	3	2
1	2	4	8	3	7	9	6	5
5	3	7	9	2	6	1	4	8
4	5	6	1	9	3	8	2	7
2	1	3	7	6	8	5	9	4
7	8	9	2	4	5	6	1	3
6	7	2	4	5	9	3	8	1
8	9	1	3	7	2	4	5	6
3	4	5	6	8	1	2	7	9

Grid 1

4	5	2	1	7	3	6	8	9
1	6	3	9	8	4	7	2	5
8	9	7	6	2	5	4	3	1
6	2	5	3	9	1	8	7	4
3	1	4	7	5	8	2	9	6
7	8	9	4	6	2	1	5	3
2	7	6	5	1	9	3	4	8
9	4	1	8	3	7	5	6	2
5	3	8	2	4	6	9	1	7

Grid 2

5	9	1	3	2	7	4	6	8
4	6	2	8	5	9	1	7	3
8	3	7	6	1	4	2	9	5
9	4	8	5	7	2	3	1	6
6	1	5	9	8	3	7	4	2
7	2	3	1	4	6	5	8	9
3	7	6	2	9	1	8	5	4
2	8	4	7	6	5	9	3	1
1	5	9	4	3	8	6	2	7

Grid 3

1	9	3	7	5	2	4	8	6
6	8	4	3	1	9	5	2	7
2	5	7	8	6	4	3	1	9
8	7	2	1	3	5	9	6	4
5	3	6	4	9	8	2	7	1
4	1	9	2	7	6	8	5	3
3	4	8	6	2	7	1	9	5
9	6	1	5	8	3	7	4	2
7	2	5	9	4	1	6	3	8

Grid 4

4	5	1	7	9	2	6	3	8
2	6	3	8	4	1	9	5	7
9	8	7	6	5	3	2	4	1
6	1	4	9	3	7	5	8	2
7	9	5	4	2	8	3	1	6
3	2	8	5	1	6	7	9	4
5	7	9	2	8	4	1	6	3
8	3	6	1	7	5	4	2	9
1	4	2	3	6	9	8	7	5

Grid 5

8	4	3	5	7	1	6	9	2
6	7	9	8	3	2	5	1	4
1	5	2	9	6	4	8	7	3
7	1	8	2	9	6	4	3	5
2	6	4	3	1	5	7	8	9
9	3	5	7	4	8	2	6	1
4	9	1	6	2	7	3	5	8
3	8	7	4	5	9	1	2	6
5	2	6	1	8	3	9	4	7

Grid 6

9	1	3	5	2	7	8	4	6
5	8	6	4	1	3	9	2	7
7	4	2	9	8	6	5	1	3
6	7	4	1	9	5	2	3	8
1	2	5	3	6	8	4	7	9
3	9	8	2	7	4	6	5	1
4	6	1	7	5	9	3	8	2
8	3	7	6	4	2	1	9	5
2	5	9	8	3	1	7	6	4

Grid 1

1	6	7	4	9	5	3	2	8
2	5	9	3	1	8	6	7	4
4	8	3	7	2	6	9	1	5
6	7	8	5	3	1	4	9	2
3	4	1	9	6	2	8	5	7
9	2	5	8	7	4	1	3	6
5	3	2	6	8	9	7	4	1
7	1	6	2	4	3	5	8	9
8	9	4	1	5	7	2	6	3

Grid 2

4	7	6	3	5	8	2	9	1
2	1	5	6	9	7	4	3	8
3	9	8	1	4	2	5	6	7
5	8	1	4	6	3	7	2	9
9	4	3	7	2	1	8	5	6
7	6	2	9	8	5	1	4	3
6	2	9	8	7	4	3	1	5
8	3	4	5	1	6	9	7	2
1	5	7	2	3	9	6	8	4

Grid 3

3	8	4	6	7	1	9	5	2
2	5	7	8	9	4	1	3	6
1	6	9	5	2	3	8	7	4
6	9	1	3	5	2	7	4	8
8	4	2	7	6	9	5	1	3
5	7	3	1	4	8	6	2	9
9	1	6	2	3	7	4	8	5
7	2	5	4	8	6	3	9	1
4	3	8	9	1	5	2	6	7

Grid 4

8	7	1	9	5	4	2	3	6
3	4	9	6	7	2	5	8	1
5	6	2	8	3	1	9	4	7
2	8	7	4	6	5	1	9	3
9	1	3	2	8	7	4	6	5
6	5	4	1	9	3	7	2	8
7	2	6	5	4	8	3	1	9
1	3	8	7	2	9	6	5	4
4	9	5	3	1	6	8	7	2

Grid 5

8	9	3	6	1	2	5	7	4
2	7	5	9	4	3	1	8	6
1	6	4	5	8	7	9	2	3
6	8	9	7	2	4	3	1	5
4	5	1	8	3	6	2	9	7
7	3	2	1	9	5	4	6	8
3	2	7	4	6	1	8	5	9
9	4	6	2	5	8	7	3	1
5	1	8	3	7	9	6	4	2

Grid 6

6	4	5	2	9	3	1	7	8
1	2	8	4	7	5	9	6	3
9	3	7	1	8	6	4	5	2
2	9	4	8	5	7	3	1	6
8	6	1	3	4	2	7	9	5
5	7	3	9	6	1	2	8	4
7	5	2	6	3	9	8	4	1
4	1	6	7	2	8	5	3	9
3	8	9	5	1	4	6	2	7

Grid 1

7	3	1	2	5	4	8	9	6
8	2	9	3	6	1	5	7	4
5	4	6	7	8	9	1	3	2
4	7	2	8	1	6	3	5	9
9	5	3	4	2	7	6	8	1
1	6	8	9	3	5	4	2	7
3	9	5	6	4	2	7	1	8
2	1	4	5	7	8	9	6	3
6	8	7	1	9	3	2	4	5

Grid 2

5	9	1	4	2	3	6	8	7
3	2	8	5	6	7	1	9	4
7	6	4	1	9	8	5	3	2
8	5	2	6	7	4	9	1	3
4	1	9	8	3	5	2	7	6
6	7	3	2	1	9	8	4	5
9	8	6	7	4	2	3	5	1
2	4	5	3	8	1	7	6	9
1	3	7	9	5	6	4	2	8

Grid 3

1	6	5	7	2	3	4	9	8
8	3	9	1	5	4	6	2	7
2	4	7	6	9	8	1	3	5
4	5	2	9	6	7	8	1	3
6	8	3	2	4	1	5	7	9
7	9	1	8	3	5	2	6	4
3	1	6	4	8	9	7	5	2
5	2	4	3	7	6	9	8	1
9	7	8	5	1	2	3	4	6

Grid 4

1	5	7	4	8	6	2	9	3
9	8	6	2	1	3	4	7	5
4	2	3	9	5	7	1	6	8
2	1	4	6	9	5	8	3	7
7	9	8	3	4	1	5	2	6
3	6	5	7	2	8	9	4	1
6	4	1	5	3	2	7	8	9
8	3	2	1	7	9	6	5	4
5	7	9	8	6	4	3	1	2

Grid 5

1	7	4	9	3	2	6	5	8
3	5	8	4	6	1	9	7	2
9	2	6	7	5	8	1	4	3
2	4	9	5	1	3	8	6	7
8	3	1	2	7	6	5	9	4
7	6	5	8	4	9	3	2	1
6	8	7	1	2	5	4	3	9
5	9	2	3	8	4	7	1	6
4	1	3	6	9	7	2	8	5

Grid 6

2	8	4	7	9	5	3	1	6
7	1	9	8	6	3	2	4	5
5	3	6	1	4	2	8	9	7
3	5	1	9	7	6	4	2	8
6	4	7	2	3	8	9	5	1
8	9	2	4	5	1	6	7	3
4	7	8	6	1	9	5	3	2
1	2	3	5	8	4	7	6	9
9	6	5	3	2	7	1	8	4

5	8	2	4	9	1	3	6	7
3	6	1	7	8	5	4	9	2
7	4	9	6	2	3	8	1	5
8	5	6	9	3	4	7	2	1
2	9	4	5	1	7	6	3	8
1	7	3	2	6	8	5	4	9
9	3	8	1	5	6	2	7	4
4	1	5	3	7	2	9	8	6
6	2	7	8	4	9	1	5	3

4	7	3	6	8	1	5	2	9
5	2	8	7	4	9	1	3	6
9	1	6	3	2	5	4	8	7
1	3	9	8	6	4	7	5	2
2	6	5	9	1	7	8	4	3
7	8	4	2	5	3	6	9	1
8	9	2	5	7	6	3	1	4
3	4	7	1	9	8	2	6	5
6	5	1	4	3	2	9	7	8

1	3	9	6	2	4	7	8	5
2	8	7	1	5	9	3	6	4
4	5	6	8	7	3	2	9	1
9	2	3	7	8	5	4	1	6
6	7	1	4	9	2	8	5	3
5	4	8	3	6	1	9	7	2
7	9	4	5	3	6	1	2	8
3	6	2	9	1	8	5	4	7
8	1	5	2	4	7	6	3	9

4	5	9	2	8	1	7	6	3
3	1	6	5	4	7	9	2	8
8	7	2	9	6	3	5	4	1
1	9	3	6	2	4	8	5	7
5	4	7	8	1	9	6	3	2
6	2	8	7	3	5	1	9	4
9	8	5	3	7	2	4	1	6
2	6	4	1	9	8	3	7	5
7	3	1	4	5	6	2	8	9

4	7	5	1	8	6	2	3	9
8	1	3	2	7	9	6	5	4
2	9	6	4	3	5	8	1	7
7	6	8	5	1	3	4	9	2
9	5	4	7	6	2	3	8	1
3	2	1	9	4	8	5	7	6
1	8	7	6	5	4	9	2	3
6	3	2	8	9	7	1	4	5
5	4	9	3	2	1	7	6	8

4	1	9	7	5	6	3	8	2
6	3	8	2	9	4	7	1	5
7	2	5	8	1	3	6	9	4
3	7	4	1	2	8	5	6	9
1	9	6	4	7	5	2	3	8
5	8	2	6	3	9	4	7	1
2	4	3	9	6	1	8	5	7
8	5	1	3	4	7	9	2	6
9	6	7	5	8	2	1	4	3

Grid 1

2	7	8	4	6	1	3	5	9
9	1	3	2	7	5	4	6	8
5	4	6	9	3	8	7	2	1
4	5	9	8	2	6	1	7	3
7	8	2	5	1	3	9	4	6
6	3	1	7	4	9	5	8	2
8	6	5	1	9	7	2	3	4
1	2	7	3	8	4	6	9	5
3	9	4	6	5	2	8	1	7

Grid 2

6	5	1	9	7	8	2	3	4
8	3	4	5	2	6	9	7	1
9	2	7	1	4	3	5	8	6
5	4	6	7	8	2	1	9	3
3	9	8	6	5	1	4	2	7
7	1	2	3	9	4	8	6	5
2	7	9	4	6	5	3	1	8
4	8	3	2	1	7	6	5	9
1	6	5	8	3	9	7	4	2

Grid 3

1	6	5	2	3	8	9	4	7
9	8	4	5	1	7	6	2	3
2	7	3	9	6	4	1	8	5
5	1	9	3	4	2	8	7	6
7	3	2	6	8	5	4	9	1
8	4	6	1	7	9	5	3	2
4	5	8	7	2	1	3	6	9
3	2	1	8	9	6	7	5	4
6	9	7	4	5	3	2	1	8

Grid 4

3	7	6	9	4	2	5	8	1
9	5	8	3	6	1	7	4	2
2	4	1	7	8	5	6	9	3
7	8	2	1	3	4	9	6	5
4	6	9	5	2	8	3	1	7
5	1	3	6	9	7	4	2	8
6	9	5	8	1	3	2	7	4
1	3	4	2	7	9	8	5	6
8	2	7	4	5	6	1	3	9

Grid 5

8	1	9	2	4	5	6	7	3
4	5	7	8	3	6	9	1	2
6	2	3	7	9	1	5	4	8
2	8	4	6	7	3	1	5	9
1	3	6	9	5	8	4	2	7
7	9	5	4	1	2	8	3	6
5	4	8	3	2	9	7	6	1
3	6	1	5	8	7	2	9	4
9	7	2	1	6	4	3	8	5

Grid 6

8	2	6	7	3	5	4	9	1
1	3	9	8	2	4	7	6	5
5	4	7	6	9	1	3	8	2
7	8	1	4	5	6	9	2	3
4	5	3	2	7	9	6	1	8
6	9	2	1	8	3	5	7	4
3	7	8	9	4	2	1	5	6
9	1	4	5	6	8	2	3	7
2	6	5	3	1	7	8	4	9

8	3	6	9	1	7	4	2	5
7	4	9	5	3	2	1	8	6
2	1	5	4	6	8	7	3	9
9	7	3	1	5	4	2	6	8
1	5	2	7	8	6	9	4	3
6	8	4	2	9	3	5	1	7
5	2	8	6	4	9	3	7	1
3	9	7	8	2	1	6	5	4
4	6	1	3	7	5	8	9	2

9	7	2	4	6	1	3	8	5
1	4	3	5	9	8	2	7	6
5	6	8	3	2	7	9	4	1
6	8	5	9	7	2	4	1	3
4	2	9	6	1	3	7	5	8
7	3	1	8	5	4	6	9	2
3	1	7	2	4	5	8	6	9
2	5	6	7	8	9	1	3	4
8	9	4	1	3	6	5	2	7

3	9	6	8	2	1	4	5	7
5	1	8	3	4	7	2	9	6
7	2	4	9	6	5	8	1	3
8	3	2	4	5	9	7	6	1
1	7	5	6	8	2	9	3	4
6	4	9	7	1	3	5	8	2
2	5	3	1	9	4	6	7	8
9	8	1	2	7	6	3	4	5
4	6	7	5	3	8	1	2	9

9	8	5	7	6	3	1	2	4
3	2	7	4	1	8	5	6	9
4	6	1	5	9	2	7	3	8
1	4	2	3	5	7	9	8	6
7	3	6	2	8	9	4	1	5
5	9	8	1	4	6	3	7	2
6	7	3	9	2	5	8	4	1
8	1	9	6	3	4	2	5	7
2	5	4	8	7	1	6	9	3

4	2	5	8	7	1	6	9	3
8	3	1	9	6	5	7	4	2
9	7	6	2	4	3	1	8	5
3	9	8	6	1	4	5	2	7
7	5	2	3	8	9	4	6	1
6	1	4	7	5	2	9	3	8
5	6	3	1	9	8	2	7	4
1	8	7	4	2	6	3	5	9
2	4	9	5	3	7	8	1	6

4	7	2	9	8	5	3	1	6
8	3	6	2	7	1	4	5	9
5	1	9	6	3	4	7	8	2
2	4	1	8	5	7	6	9	3
6	8	5	3	9	2	1	4	7
3	9	7	4	1	6	5	2	8
7	2	3	1	4	8	9	6	5
1	5	8	7	6	9	2	3	4
9	6	4	5	2	3	8	7	1

1	7	8	9	6	2	3	5	4
9	5	2	3	4	8	7	1	6
3	6	4	7	5	1	2	9	8
5	9	3	6	1	7	4	8	2
8	2	1	4	9	3	5	6	7
6	4	7	2	8	5	1	3	9
4	3	9	1	7	6	8	2	5
7	1	5	8	2	9	6	4	3
2	8	6	5	3	4	9	7	1

9	8	7	3	1	4	2	6	5
6	5	1	2	8	7	9	3	4
2	4	3	6	9	5	7	8	1
8	1	9	5	6	2	3	4	7
7	6	2	1	4	3	5	9	8
4	3	5	8	7	9	6	1	2
3	2	4	9	5	1	8	7	6
5	7	6	4	3	8	1	2	9
1	9	8	7	2	6	4	5	3

6	5	8	7	3	4	1	9	2
3	2	4	1	9	6	8	5	7
1	7	9	5	2	8	4	3	6
8	6	3	2	1	9	5	7	4
7	4	2	8	6	5	3	1	9
5	9	1	3	4	7	6	2	8
4	3	6	9	7	1	2	8	5
9	1	5	6	8	2	7	4	3
2	8	7	4	5	3	9	6	1

9	4	8	1	6	2	3	5	7
3	5	6	7	9	4	8	2	1
1	2	7	5	8	3	6	9	4
2	7	3	4	1	9	5	6	8
6	1	4	8	3	5	2	7	9
5	8	9	6	2	7	4	1	3
7	6	1	2	4	8	9	3	5
4	9	2	3	5	1	7	8	6
8	3	5	9	7	6	1	4	2

3	6	2	7	8	4	9	5	1
8	9	7	6	1	5	4	3	2
4	1	5	9	2	3	7	8	6
1	4	8	5	6	7	2	9	3
7	5	9	1	3	2	6	4	8
6	2	3	8	4	9	5	1	7
2	7	1	4	9	8	3	6	5
9	3	6	2	5	1	8	7	4
5	8	4	3	7	6	1	2	9

3	7	2	4	1	9	8	5	6
9	6	8	5	3	7	4	1	2
4	1	5	8	2	6	3	7	9
7	3	6	9	5	8	1	2	4
5	8	1	2	7	4	9	6	3
2	9	4	1	6	3	5	8	7
1	4	7	6	9	5	2	3	8
8	5	3	7	4	2	6	9	1
6	2	9	3	8	1	7	4	5

8	4	1	7	2	6	3	5	9
7	2	5	1	9	3	8	4	6
9	6	3	8	5	4	2	7	1
4	1	7	9	6	2	5	3	8
3	8	2	4	1	5	6	9	7
5	9	6	3	8	7	4	1	2
6	7	4	2	3	1	9	8	5
2	3	9	5	7	8	1	6	4
1	5	8	6	4	9	7	2	3

2	5	9	8	6	3	4	7	1
7	3	8	5	4	1	2	6	9
4	6	1	9	2	7	3	8	5
6	1	4	2	7	5	9	3	8
5	8	2	6	3	9	7	1	4
3	9	7	1	8	4	5	2	6
1	7	5	3	9	8	6	4	2
9	2	3	4	1	6	8	5	7
8	4	6	7	5	2	1	9	3

8	1	3	5	6	9	4	2	7
5	2	6	4	7	8	9	1	3
9	4	7	1	3	2	8	6	5
4	3	8	9	1	6	5	7	2
2	5	1	3	8	7	6	9	4
7	6	9	2	5	4	1	3	8
1	9	5	7	4	3	2	8	6
6	7	2	8	9	5	3	4	1
3	8	4	6	2	1	7	5	9

5	9	2	7	8	6	4	3	1
1	6	4	2	3	9	5	7	8
3	7	8	1	5	4	9	2	6
9	8	7	3	1	2	6	5	4
4	5	3	6	9	7	1	8	2
2	1	6	8	4	5	3	9	7
7	2	5	9	6	1	8	4	3
8	4	1	5	7	3	2	6	9
6	3	9	4	2	8	7	1	5

9	5	7	4	6	1	8	3	2
2	3	8	5	7	9	6	4	1
6	1	4	3	2	8	7	5	9
4	6	5	8	3	2	1	9	7
1	8	2	9	5	7	3	6	4
7	9	3	1	4	6	2	8	5
3	2	6	7	9	5	4	1	8
8	4	9	2	1	3	5	7	6
5	7	1	6	8	4	9	2	3

4	2	3	1	6	5	8	7	9
5	9	8	7	3	4	2	6	1
1	6	7	8	9	2	5	4	3
3	8	2	9	5	7	6	1	4
7	4	6	3	2	1	9	8	5
9	5	1	6	4	8	7	3	2
6	1	9	2	8	3	4	5	7
8	7	4	5	1	9	3	2	6
2	3	5	4	7	6	1	9	8

8	2	7	9	4	5	3	6	1
5	1	6	8	7	3	4	9	2
4	3	9	2	6	1	7	8	5
9	8	4	6	2	7	5	1	3
3	5	2	1	9	4	8	7	6
6	7	1	3	5	8	9	2	4
1	9	3	4	8	6	2	5	7
7	4	8	5	1	2	6	3	9
2	6	5	7	3	9	1	4	8

4	3	8	9	1	5	7	6	2
1	2	7	3	8	6	9	4	5
6	9	5	4	7	2	1	3	8
5	6	3	1	4	7	8	2	9
8	4	1	2	5	9	6	7	3
9	7	2	6	3	8	4	5	1
7	1	9	5	6	3	2	8	4
3	8	4	7	2	1	5	9	6
2	5	6	8	9	4	3	1	7

9	1	8	6	4	2	5	7	3
6	2	7	5	3	9	4	1	8
3	5	4	8	1	7	9	6	2
8	3	5	1	9	6	7	2	4
2	9	1	3	7	4	8	5	6
4	7	6	2	5	8	3	9	1
1	4	9	7	6	3	2	8	5
7	6	2	4	8	5	1	3	9
5	8	3	9	2	1	6	4	7

2	9	8	1	6	4	5	3	7
3	5	1	2	7	9	6	4	8
6	4	7	3	5	8	9	2	1
8	7	6	5	3	1	2	9	4
9	2	5	8	4	7	3	1	6
1	3	4	9	2	6	8	7	5
4	8	9	6	1	3	7	5	2
5	1	3	7	8	2	4	6	9
7	6	2	4	9	5	1	8	3

2	4	7	5	6	8	9	1	3
8	3	6	9	1	7	2	5	4
5	9	1	2	4	3	8	7	6
9	8	4	6	5	1	7	3	2
3	6	2	7	8	9	1	4	5
1	7	5	4	3	2	6	9	8
4	1	8	3	7	6	5	2	9
7	5	9	8	2	4	3	6	1
6	2	3	1	9	5	4	8	7

7	1	6	2	4	3	8	9	5
9	2	3	1	5	8	4	6	7
4	5	8	6	9	7	3	2	1
3	7	9	4	6	5	2	1	8
1	4	5	3	8	2	6	7	9
6	8	2	9	7	1	5	3	4
8	3	1	5	2	9	7	4	6
5	9	4	7	3	6	1	8	2
2	6	7	8	1	4	9	5	3

Grid 1

6	9	3	4	1	7	5	2	8
1	5	4	3	8	2	7	9	6
2	7	8	9	5	6	3	4	1
9	3	5	7	4	8	1	6	2
4	1	7	6	2	3	9	8	5
8	2	6	5	9	1	4	7	3
5	8	2	1	7	4	6	3	9
3	4	1	8	6	9	2	5	7
7	6	9	2	3	5	8	1	4

Grid 2

8	3	2	4	5	9	1	7	6
4	7	9	2	1	6	5	3	8
6	5	1	8	7	3	4	9	2
5	4	3	7	2	1	8	6	9
9	2	8	3	6	5	7	4	1
7	1	6	9	4	8	2	5	3
3	9	4	1	8	7	6	2	5
2	8	5	6	3	4	9	1	7
1	6	7	5	9	2	3	8	4

Grid 3

1	3	7	4	2	9	6	5	8
8	5	9	6	7	1	4	2	3
4	6	2	3	8	5	9	1	7
3	9	5	2	6	7	8	4	1
2	1	8	5	3	4	7	6	9
6	7	4	9	1	8	2	3	5
9	4	3	8	5	2	1	7	6
5	8	1	7	4	6	3	9	2
7	2	6	1	9	3	5	8	4

Grid 4

8	6	5	7	9	4	1	2	3
4	3	9	8	2	1	5	6	7
7	2	1	5	3	6	9	4	8
6	1	7	3	8	2	4	5	9
2	8	3	9	4	5	7	1	6
5	9	4	6	1	7	8	3	2
3	7	6	1	5	8	2	9	4
9	5	2	4	7	3	6	8	1
1	4	8	2	6	9	3	7	5

Grid 5

9	1	6	7	4	3	8	5	2
4	5	3	2	8	1	7	6	9
7	8	2	5	6	9	3	1	4
1	9	4	6	5	8	2	7	3
3	2	8	4	1	7	5	9	6
6	7	5	9	3	2	4	8	1
8	6	9	3	2	5	1	4	7
5	3	7	1	9	4	6	2	8
2	4	1	8	7	6	9	3	5

Grid 6

6	7	9	1	4	5	3	2	8
3	5	8	7	9	2	4	1	6
1	4	2	3	6	8	9	5	7
4	8	1	6	7	9	2	3	5
5	2	6	4	8	3	7	9	1
7	9	3	5	2	1	8	6	4
8	1	5	2	3	4	6	7	9
2	6	4	9	1	7	5	8	3
9	3	7	8	5	6	1	4	2

2	6	8	4	3	7	1	9	5
1	3	5	2	6	9	4	7	8
9	7	4	8	5	1	6	2	3
3	1	2	5	7	6	9	8	4
7	8	9	1	2	4	3	5	6
4	5	6	9	8	3	2	1	7
6	9	7	3	1	5	8	4	2
5	2	1	6	4	8	7	3	9
8	4	3	7	9	2	5	6	1

4	9	5	6	3	1	2	8	7
7	8	6	4	9	2	1	5	3
3	2	1	5	8	7	4	9	6
5	6	8	3	4	9	7	1	2
1	3	2	8	7	6	9	4	5
9	7	4	1	2	5	3	6	8
8	4	7	9	6	3	5	2	1
6	5	3	2	1	4	8	7	9
2	1	9	7	5	8	6	3	4

4	7	8	5	9	1	2	6	3
3	1	5	2	7	6	4	8	9
2	9	6	3	8	4	7	5	1
9	5	2	1	4	7	6	3	8
1	4	3	6	2	8	9	7	5
6	8	7	9	3	5	1	4	2
7	3	1	4	5	2	8	9	6
8	2	9	7	6	3	5	1	4
5	6	4	8	1	9	3	2	7

6	2	5	9	3	8	7	1	4
8	1	9	7	4	5	6	2	3
4	7	3	6	2	1	5	9	8
5	9	6	8	7	2	4	3	1
7	8	4	1	6	3	2	5	9
1	3	2	4	5	9	8	6	7
3	5	8	2	9	4	1	7	6
2	6	1	3	8	7	9	4	5
9	4	7	5	1	6	3	8	2

4	3	5	7	1	2	9	6	8
7	6	9	4	5	8	2	1	3
2	8	1	9	3	6	7	4	5
1	9	7	2	4	3	8	5	6
8	2	3	5	6	7	1	9	4
6	5	4	1	8	9	3	7	2
3	1	6	8	9	5	4	2	7
9	7	8	6	2	4	5	3	1
5	4	2	3	7	1	6	8	9

5	1	9	3	2	7	6	4	8
3	8	7	4	6	5	9	2	1
4	2	6	8	1	9	7	3	5
7	9	2	1	4	8	5	6	3
1	3	8	9	5	6	4	7	2
6	5	4	7	3	2	8	1	9
8	4	3	6	9	1	2	5	7
2	7	1	5	8	4	3	9	6
9	6	5	2	7	3	1	8	4

Grid 1

8	9	7	4	6	1	5	3	2
3	6	5	8	2	9	4	1	7
1	4	2	5	7	3	8	9	6
2	8	9	1	3	7	6	5	4
7	1	6	9	5	4	2	8	3
5	3	4	6	8	2	1	7	9
9	2	8	3	1	6	7	4	5
6	5	3	7	4	8	9	2	1
4	7	1	2	9	5	3	6	8

Grid 2

4	7	5	8	6	9	1	2	3
6	1	3	7	2	4	8	9	5
9	8	2	1	3	5	4	6	7
7	5	6	4	1	8	2	3	9
3	9	1	2	7	6	5	4	8
8	2	4	5	9	3	7	1	6
1	3	7	6	8	2	9	5	4
2	4	9	3	5	7	6	8	1
5	6	8	9	4	1	3	7	2

Grid 3

8	6	4	5	3	1	7	9	2
1	2	3	9	8	7	5	4	6
5	7	9	6	2	4	1	3	8
3	1	6	4	5	8	2	7	9
4	8	7	1	9	2	3	6	5
9	5	2	3	7	6	8	1	4
6	3	8	2	1	9	4	5	7
7	9	1	8	4	5	6	2	3
2	4	5	7	6	3	9	8	1

Grid 4

1	9	6	8	3	5	7	2	4
4	5	3	6	7	2	9	1	8
7	8	2	9	1	4	6	5	3
3	7	5	1	4	6	2	8	9
2	1	9	5	8	7	3	4	6
6	4	8	2	9	3	5	7	1
5	3	7	4	6	1	8	9	2
9	6	1	7	2	8	4	3	5
8	2	4	3	5	9	1	6	7

Grid 5

4	2	7	3	9	6	1	8	5
5	6	8	1	7	4	9	3	2
3	1	9	2	5	8	6	4	7
7	5	4	6	1	2	8	9	3
2	9	3	4	8	5	7	1	6
6	8	1	7	3	9	2	5	4
9	3	5	8	6	7	4	2	1
8	7	2	5	4	1	3	6	9
1	4	6	9	2	3	5	7	8

Grid 6

2	4	9	3	6	7	5	8	1
3	8	6	5	2	1	4	7	9
7	5	1	9	8	4	3	2	6
5	6	7	4	9	2	8	1	3
4	1	3	6	5	8	7	9	2
8	9	2	1	7	3	6	5	4
1	7	4	8	3	9	2	6	5
6	3	8	2	1	5	9	4	7
9	2	5	7	4	6	1	3	8

Grid 1

9	6	7	8	1	2	3	4	5
4	8	1	5	3	6	2	7	9
3	5	2	4	9	7	6	1	8
6	9	8	2	4	5	1	3	7
5	2	4	1	7	3	9	8	6
7	1	3	6	8	9	5	2	4
8	4	6	9	2	1	7	5	3
2	3	5	7	6	8	4	9	1
1	7	9	3	5	4	8	6	2

Grid 2

7	2	3	1	9	5	8	4	6
8	9	1	4	3	6	5	2	7
4	5	6	8	2	7	1	3	9
5	7	9	2	8	3	6	1	4
3	8	4	9	6	1	7	5	2
1	6	2	7	5	4	9	8	3
6	3	8	5	7	2	4	9	1
2	1	5	6	4	9	3	7	8
9	4	7	3	1	8	2	6	5

Grid 3

8	7	1	5	3	2	4	6	9
4	3	6	9	8	7	2	5	1
2	5	9	1	6	4	8	3	7
1	6	5	4	2	9	7	8	3
9	2	8	3	7	1	6	4	5
3	4	7	6	5	8	9	1	2
5	8	3	7	9	6	1	2	4
6	9	4	2	1	5	3	7	8
7	1	2	8	4	3	5	9	6

Grid 4

5	1	3	7	8	2	4	9	6
9	7	4	3	6	1	2	8	5
6	2	8	4	5	9	1	3	7
7	4	1	8	2	5	9	6	3
3	9	2	6	7	4	8	5	1
8	5	6	9	1	3	7	2	4
1	6	9	5	4	8	3	7	2
2	3	7	1	9	6	5	4	8
4	8	5	2	3	7	6	1	9

Grid 5

2	9	7	8	6	4	5	3	1
6	8	5	7	3	1	9	2	4
3	1	4	5	9	2	8	7	6
9	6	1	4	5	7	3	8	2
5	4	2	6	8	3	1	9	7
8	7	3	2	1	9	4	6	5
7	2	9	3	4	5	6	1	8
1	5	6	9	7	8	2	4	3
4	3	8	1	2	6	7	5	9

Grid 6

3	5	7	2	1	9	6	8	4
1	6	4	8	7	5	9	3	2
2	8	9	4	3	6	7	5	1
5	1	8	9	6	2	4	7	3
6	9	3	5	4	7	2	1	8
4	7	2	1	8	3	5	6	9
8	4	5	7	9	1	3	2	6
7	3	1	6	2	4	8	9	5
9	2	6	3	5	8	1	4	7

2	3	6	1	7	9	8	4	5
9	4	7	5	2	8	1	6	3
5	8	1	6	3	4	7	9	2
8	9	3	7	4	5	6	2	1
6	5	4	2	9	1	3	8	7
1	7	2	3	8	6	4	5	9
3	2	5	4	6	7	9	1	8
7	6	8	9	1	2	5	3	4
4	1	9	8	5	3	2	7	6

2	9	6	4	1	7	5	8	3
4	1	5	2	3	8	7	6	9
3	8	7	5	6	9	4	1	2
5	4	1	6	2	3	9	7	8
9	2	8	7	5	4	6	3	1
7	6	3	9	8	1	2	4	5
8	5	9	1	4	6	3	2	7
6	3	2	8	7	5	1	9	4
1	7	4	3	9	2	8	5	6

2	8	1	7	3	9	6	4	5
4	6	5	2	1	8	7	9	3
3	9	7	4	5	6	8	2	1
7	4	6	1	8	3	9	5	2
1	2	3	5	9	7	4	6	8
9	5	8	6	2	4	1	3	7
6	3	9	8	7	5	2	1	4
5	7	2	9	4	1	3	8	6
8	1	4	3	6	2	5	7	9

3	9	6	7	2	5	8	1	4
2	5	8	1	6	4	3	7	9
1	7	4	3	8	9	5	2	6
7	1	5	8	9	3	6	4	2
4	2	3	5	1	6	9	8	7
8	6	9	4	7	2	1	3	5
6	4	7	9	3	1	2	5	8
9	8	1	2	5	7	4	6	3
5	3	2	6	4	8	7	9	1

7	8	4	2	1	5	6	3	9
3	5	6	4	9	7	2	1	8
9	1	2	8	6	3	4	7	5
4	7	5	3	2	8	1	9	6
8	9	1	7	4	6	3	5	2
2	6	3	9	5	1	8	4	7
5	2	7	1	8	4	9	6	3
6	4	8	5	3	9	7	2	1
1	3	9	6	7	2	5	8	4

9	3	5	1	2	7	4	6	8
4	7	8	9	6	3	2	5	1
1	6	2	5	4	8	7	3	9
8	2	4	7	9	6	5	1	3
3	5	6	8	1	4	9	2	7
7	1	9	3	5	2	8	4	6
6	8	1	2	7	5	3	9	4
5	4	7	6	3	9	1	8	2
2	9	3	4	8	1	6	7	5

Grid 1

9	6	2	7	5	4	8	3	1
8	3	7	1	6	9	2	4	5
5	4	1	2	8	3	6	7	9
3	5	9	4	1	8	7	6	2
1	7	8	6	2	5	4	9	3
4	2	6	9	3	7	1	5	8
6	8	3	5	7	1	9	2	4
2	9	5	8	4	6	3	1	7
7	1	4	3	9	2	5	8	6

Grid 2

5	6	2	9	1	3	8	7	4
8	9	4	5	7	2	3	1	6
1	7	3	8	4	6	2	5	9
7	5	1	4	2	9	6	8	3
3	8	9	7	6	5	1	4	2
4	2	6	3	8	1	5	9	7
9	4	5	6	3	8	7	2	1
6	1	8	2	9	7	4	3	5
2	3	7	1	5	4	9	6	8

Grid 3

7	9	6	1	2	4	8	5	3
8	1	4	5	7	3	6	9	2
5	2	3	8	6	9	4	1	7
6	4	5	7	1	8	3	2	9
1	7	8	3	9	2	5	6	4
2	3	9	6	4	5	1	7	8
3	6	7	9	8	1	2	4	5
4	8	1	2	5	7	9	3	6
9	5	2	4	3	6	7	8	1

Grid 4

4	5	6	2	1	7	9	3	8
1	9	2	3	8	5	7	6	4
7	3	8	9	4	6	5	1	2
5	8	9	7	3	1	4	2	6
3	2	7	4	6	9	8	5	1
6	4	1	8	5	2	3	9	7
8	1	4	6	9	3	2	7	5
2	6	3	5	7	8	1	4	9
9	7	5	1	2	4	6	8	3

Grid 5

7	9	4	2	1	8	3	5	6
8	3	6	5	7	9	4	1	2
5	2	1	6	4	3	7	9	8
9	7	3	8	5	4	6	2	1
4	8	2	3	6	1	9	7	5
6	1	5	9	2	7	8	4	3
3	5	8	4	9	2	1	6	7
2	4	7	1	3	6	5	8	9
1	6	9	7	8	5	2	3	4

Grid 6

9	5	3	1	2	4	8	6	7
6	7	2	5	9	8	4	3	1
4	1	8	7	3	6	5	2	9
2	6	5	8	4	9	7	1	3
1	8	9	2	7	3	6	4	5
7	3	4	6	1	5	9	8	2
3	4	7	9	8	1	2	5	6
8	9	6	3	5	2	1	7	4
5	2	1	4	6	7	3	9	8